U0181827

让我们一起去见一见
在自然叔叔家水田里生活的朋友们吧！

自然叔叔的水田家人

[韩] 赵显珍◎著　[韩] 千淑连◎绘
千太阳◎译

吉林科学技术出版社

“啊，什么都看不见，这是什么地方啊？”

不管怎么看，四周都是漆黑一片。

“呃呃，好害怕呀，我想回家。”

“好不容易不颠了，刚才每颠一下，我的壳就会撞击一次，差点儿疼死了，我还以为壳要被撞碎了呢。”

周围突然变得明亮起来。

“希望你们在新家能够健康成长，今年的水田就拜托你们了。”

自然叔叔小心翼翼地把小田螺放进了水田里。

“咦？这是哪里呀？”

“不清楚……”

小田螺们有些摸不着头脑。

“安静，快看那边，有什么东西正在盯着我们。”

被吓到的小田螺们悄悄地蜷缩起来。

“你们这些圆圆扁扁的小家伙叫什么名字呀？”

小田螺们被第一次见的鱼吓得眨眼睛，好不容易开口自我介绍：“呃……我，我们是田螺。”

“田螺？我们是泥鳅，这里是自然叔叔的水田，自然叔叔在这里把水田圈起来种植水稻，水稻成熟后就会结出大米。所以，绝对不能吃稻秧，只能吃杂草。”鱼儿们说。

小田螺们环顾了一下四周。

到处都是细细的草茎，它们整整齐齐地排成队。

“那边高高的土堆是田埂，田埂另一边是德德叔叔的水田。只要翻过田埂就可以去冒险了！”

听了冒险这两个字，小田螺们全都“哇哇！”高喊起来，唧唧喳喳地交谈起来。

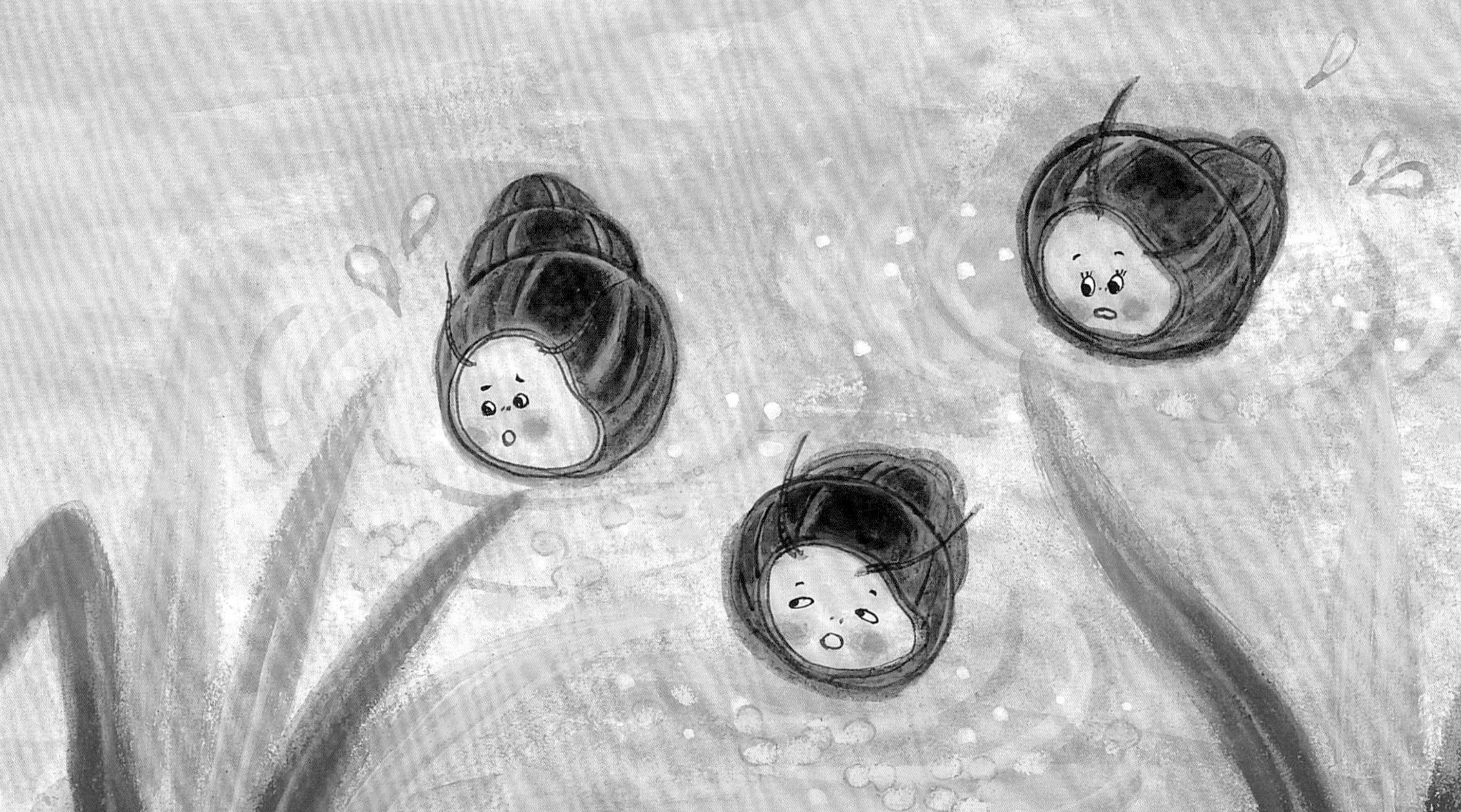

小田螺们紧紧地抓住杂草，开始啃咬起来。

“嘎吱嘎吱，嘎吱嘎吱。”

泥鳅们则忙着捕食象甲等害虫。

多亏了田螺和泥鳅，稻秧看上去更加生机勃勃了。

自然叔叔坐在田埂上，脸上露出了欣慰的笑容。

“田螺和泥鳅这几天也长大了不少呢。”

这时，德德叔叔来到自然叔叔身边，炫耀自己的农药。

“你看到新出的农药了吗？只要把这种农药喷洒到水田里，杂草和害虫全都会被杀死。”

自然叔叔皱了皱眉头：“农药会把无害的昆虫也杀死呀。”

“只要清除杂草和虫子，好好培育水稻就可以了呀。”德德叔叔用无所谓的语气回答。

“我要多喷洒一些农药，把所有的杂草和害虫都杀死！”德德叔叔说。

自然叔叔水田里的稻子们全都竭力伸长脖子，忙着看田埂另一边水田里的情况。

“怎么了？怎么了？德德叔叔在干什么？”

田螺和泥鳅也忍不住了，好奇地问。

“不知道啊！我们也是第一次见，德德叔叔正拿着一根长长的管子，咦？咦？啊！”

水稻突然吃惊地大叫起来。

“怎么了？为什么如此震惊？”

“长长的管子里下雨了！与天空中飘洒的雨不同，是白色的雨！”前排稻子们说。

虽然田螺和泥鳅都伸长了脑袋，却依然被高高的田埂挡住，什么都看不见。

“只要翻过那个田埂就好了……”

田螺和泥鳅失望地嘟囔着。

细细的春雨柔柔地飘洒下来。

自然叔叔水田里的朋友们全都安静地享受着春雨的滋润。

就在这时，肚子像气球一样的青蛙阿姨，蹦蹦跳跳地从田埂上来到水田里。

“孩子们，你们最近还好吧？我要在这里产卵，你们会帮我一起照看宝宝们吗？”

“当然了，小蝌蚪们出生后，我们的水田里就会增加新的成员，太好了！”自然叔叔水田里的小伙伴们齐声答道。

另一边，德德叔叔水田里的水稻开始唧唧喳喳地讨论起来。

“真是些奇怪的家伙呀，成员增多有什么好开心的？”

“对呀，泥鳅们移动的时候，就会把水搅浑，田螺们每天都会排泄脏兮兮的粪便，再加上青蛙和蝌蚪……哎哟！水田会因此变得更狭窄，更脏了吧。”

听了德德叔叔水田里的水稻们的对话，自然叔叔水田里的田螺和泥鳅们都感到有些羞愧。

阳光越来越炽热，水稻也长高了不少。

田螺和泥鳅也长大了，变得胖嘟嘟的。

自然叔叔光着脚走进了水田里。

“孩子们，小心啦，我现在要拔杂草了，所以离我远一点儿，不要被踩到。”

自然叔叔仔细地寻找水田里的杂草。

正在旁边水田里喷农药的德德叔叔大声地喊自然叔叔。

“哎呀，自然，你不要再弯着腰费力地用手拔草了，还是像我一样喷洒农药吧。你看我的水田里一点儿杂草都没有。”

但是，自然叔叔只是嘿嘿地笑了笑。

“德德叔叔又在喷洒白色的细雨了，我们快去看一看吧。”

田螺和泥鳅以最快的速度向田埂游去，但是依然被高高的田埂挡住了视线，什么都看不到。

青蛙阿姨的卵不知不觉变成了小蝌蚪；又慢慢地长出了后腿和前腿后腿，变成了小小的青蛙。

“在那边，瞄准，发射！”

小青蛙们躲在水稻中间，向害虫们伸出了长长的舌头。

“真厉害，青蛙阿姨，小青蛙们如此厉害，你是不是很幸福呀？”

正在盖房子的蜘蛛叔叔笑着问。

“虽然我的孩子健康地长大了，但是德德叔叔水田里的青蛙宝宝们都死了……”

正在啃食杂草的田螺被吓了一跳。

“宝宝们都死了？为什么？”

“我也不清楚，田埂另一边的青蛙妈妈们都非常伤心。”

田螺们和蜘蛛叔叔听到这个消息都非常心痛。

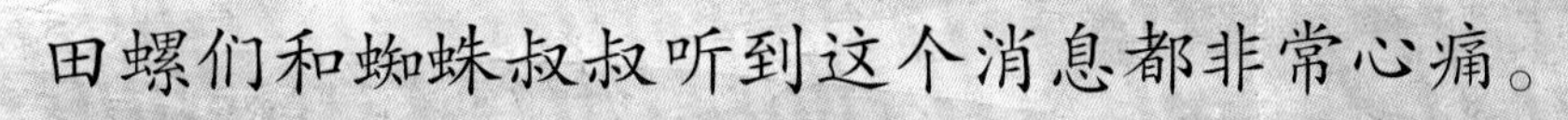

一个阳光明媚的夏季午后，自然叔叔水田里的朋友们都非常忙碌。

青蛙们跳来跳去地捉害虫，泥鳅们则忙着捕食隐藏在水里的害虫幼虫。

田螺们嘎吱嘎吱地啃食杂草，挂在水稻叶子上的蜘蛛们则忙着织网。

“你们不能安静一点儿吗，太吵了。”

德德叔叔水田里的水稻突然大吼了一声。

“我们很吵吗？”

自然叔叔水田里的水稻感到非常惊讶。

“因为你们那边水田里的成员不断发出声音，我们这边没有一刻是安静的。现在我们得不到充足的休息，感觉非常疲惫。”

“对不起，看来我们是太吵闹了。”

自然叔叔水田里的朋友们小声地道歉。

“嗡嗡，知了知了，嗡嗡。”

田间充斥着知了的叫声，在大地上洒满炽热的阳光。

“白鹭来了！朋友们，快躲起来！”

听到水稻的喊声，泥鳅“嗖”一声钻进了泥土中，青蛙和田螺躲进了水稻的阴影中，蜘蛛也紧紧地贴在水稻叶子后面躲了起来。

白鹭迈着修长的腿在水田里大步地走来走去。

然后用长长的喙在水田里和水稻叶子中间翻来翻去。

水稻故意“唰啦啦”地晃动着叶子。

“水稻晃来晃去的，根本就看不见食物躲在哪里。德德叔叔的水田里喷洒了农药，一点儿都不想去，怎么办呢？”白鹭们烦闷地说。

白鹭离开后，自然叔叔水田里的朋友们全都安心地舒了一口气。

但是，大家还是很担心，因为不知道白鹭什么时候会再回来。

“白鹭说了，不想去德德叔叔的水田，肯定还会到我们的水田里吧！”

“看来它们不喜欢农药呀！”

“我们要是能够去德德叔叔的水田里参观一下就好了。”

水稻听了大家的对话后惊讶地问：“朋友们，你们真的要去德德叔叔的水田里吗？你们要是都走了，我们会很伤心的。”

“不会的，我们又不能翻过田埂，会一直待在这里的。”

田螺虽然嘴上这么说，但心里还是对田埂另一边喷洒白色雨滴的水田充满了好奇。

德德叔叔水田里的水稻一天比一天没精神。

“空气闷闷的，呼吸也不顺畅，不管喝多少水都觉得口渴。”它们说。

“再忍一忍，天气越热，越能更好地落穗，秋天才能丰收。”自然叔叔水田里的水稻耐心地安慰它们，可是德德叔叔的水稻依然无精打采。

“要是能喝一口凉爽的水就好了。真想呼吸清爽的空气。”

“我们帮你们看一看，到底是怎么了。”

青蛙阿姨和蜘蛛叔叔去了德德叔叔的水田里。

“水稻的叶子上都沾满了白色的粉末，当然无法顺畅地呼吸了。”蜘蛛叔叔说。

“啊！水怎么是这个味道呀！嗓子要冒烟了。”青蛙阿姨跳着说。

德德叔叔一边流着汗一边在喷洒农药。

“不管怎么喷农药，杂草依然会长出来呢，看来要喷更多的药才行。”

不受欢迎的夏日来客——台风，席卷了平原。

“朋友们！抓紧了，要是抓不住会被台风吹走的！一定要紧紧地抓住我！”

虽然自然叔叔水田里的水稻们扯着嗓子对大家发出警告，但是声音依然被大风吞没了。

倾盆大雨拍打着水稻的叶子，狂风吹得水稻摇摇晃晃，像是马上就要被吹倒一样。

“加油，紧紧地抓住泥土，稍微再坚持一下。”

田螺和蜘蛛叔叔为水稻加油鼓劲。

“我们现在抓得很紧，但是水越来越多，所以很担心泥鳅和青蛙们，它们绝对不能被水冲走……”水稻们大声回答。狂风暴雨同样折磨着德德叔叔水田里的水稻。

因为身边没有加油鼓劲的朋友，所以显得它们很孤单。

不知道为什么，它们觉得越来越抓不住泥土了，所以感到非常恐惧。

台风过后，天空万里无云。

德德叔叔水田里的水稻被台风吹倒了很多，一直都没能重新站起来。

更糟糕的是，在奄奄一息的水稻中间开始长出杂草。

另一边，自然叔叔水田里的水稻们高兴地喊起来：“朋友们，你们看，我们终于开始开花了，要落穗了！”

“哪里？哪里？哪里落穗了？”

水田里的朋友们全都仰起头盯着水稻看来看去。

“这就是穗子，一个个的穗子将会慢慢成熟，最后变成大米。”水稻们骄傲地说。

“祝贺你们！”

水田里的朋友们全都真心地为水稻送上了祝福。

清晨，一阵阵清风从田野上吹过。

水田里的水稻和朋友们慢慢从睡梦中醒来。

“好疼呀！闪开！闪开！”

“这些长相丑陋的东西是什么呀？为什么要啃咬我们的叶子？”

“好疼呀！啊，疼死我了！”

德德叔叔水田里的水稻全都疼得叫起来。

虽然水稻们拼命晃动着叶子，想要把虫子们摇掉，但是却没有任何作用，虫子们依然不停地啃咬着水稻的叶子。

“自然叔叔水田里有很多蜘蛛网，非常危险。而且不知道什么时候就会被青蛙吃掉。”虫子们说道。

水稻们看到德德叔叔后大喊起来。

“快看，德德叔叔正在准备喷洒农药，虫子们都死定了！”

“农药？我们一点儿都不害怕，因为已经吃了太多农药了，所以现在一点儿问题都没有！”虫子们嚣张地喊道。

自然叔叔水田里的水稻都一脸担心地盯着田埂的另一边。

“德德叔叔水田里的水稻真让人担心，虫子不停地啃食叶子，杂草也长个不停。”

“幸好我们的水田里没什么大问题，我们所有的朋友都非常健康，现在只要完全落穗，秋天就一定可以大丰收！”水稻们感叹。

自然叔叔水田里的水稻笑着说：

“这多亏你们清除了杂草和害虫，谢谢你们。”

听了水稻感谢的话，田螺、泥鳅、青蛙和蜘蛛都非常开心。

“这片水田太健康了，太干净了。”

“因为没有使用农药，所以，这片水田里的大米我们可以安心食用了。”看到自然叔叔水田的人们，毫不吝啬地送上称赞。

田螺、泥鳅、青蛙和蜘蛛开心地笑起来，水稻们也伴随着阵阵清风开心地跳起了舞。

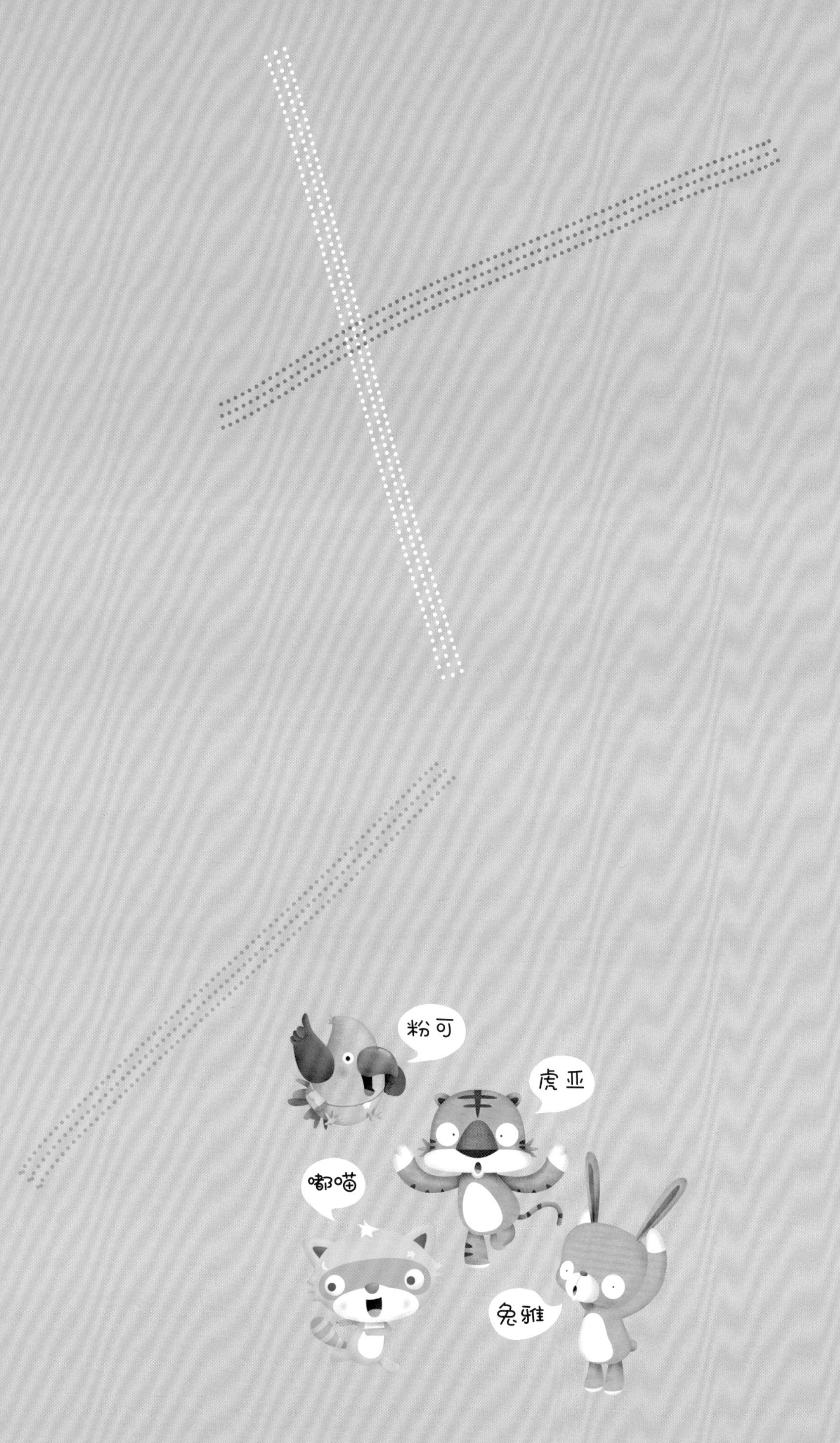
粉可
虎亚
嘟喵
兔雅

找一找水田里的朋友们吧

找出躲藏在自然叔叔水田里的青蛙、蜘蛛、田螺、泥鳅，然后用○标注出来。

是谁在危害土地和农作物

下面是会危害土地和农作物的东西及说明，找出与说明配对的图片，然后用线连接起来。

夺走土地的养分，妨碍农作物生长。

啃食农作物，让农作物生病的害虫。

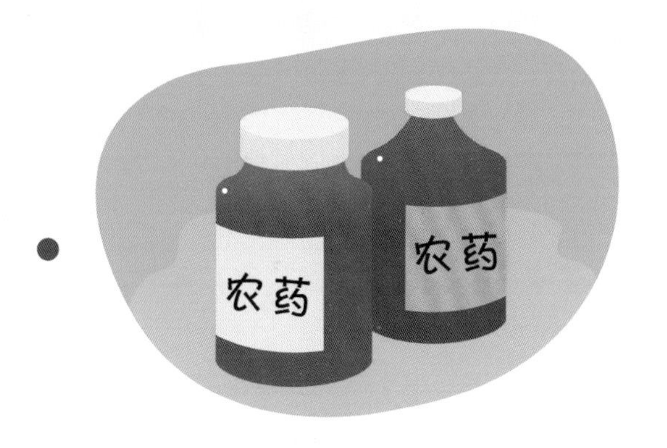

使用过多会污染土地，而且会杀死无害的昆虫。

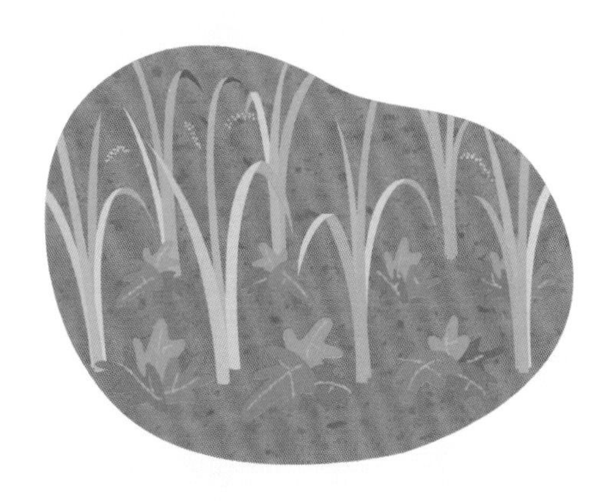

啃食农作物，引起疾病的害虫有稻飞虱、灰飞虱、稻蝗等。

用环保方法饲养家畜

不仅培育农作物可以用环保方法，饲养家畜也可以用环保方法。仔细观察下面的图片，选出正在使用环保方法饲养的家畜，然后像范例一样，在圆圈中画一个笑脸。

妙趣猜猜猜

阅读下面文字，然后完成猜词游戏，将答案填在括号内。

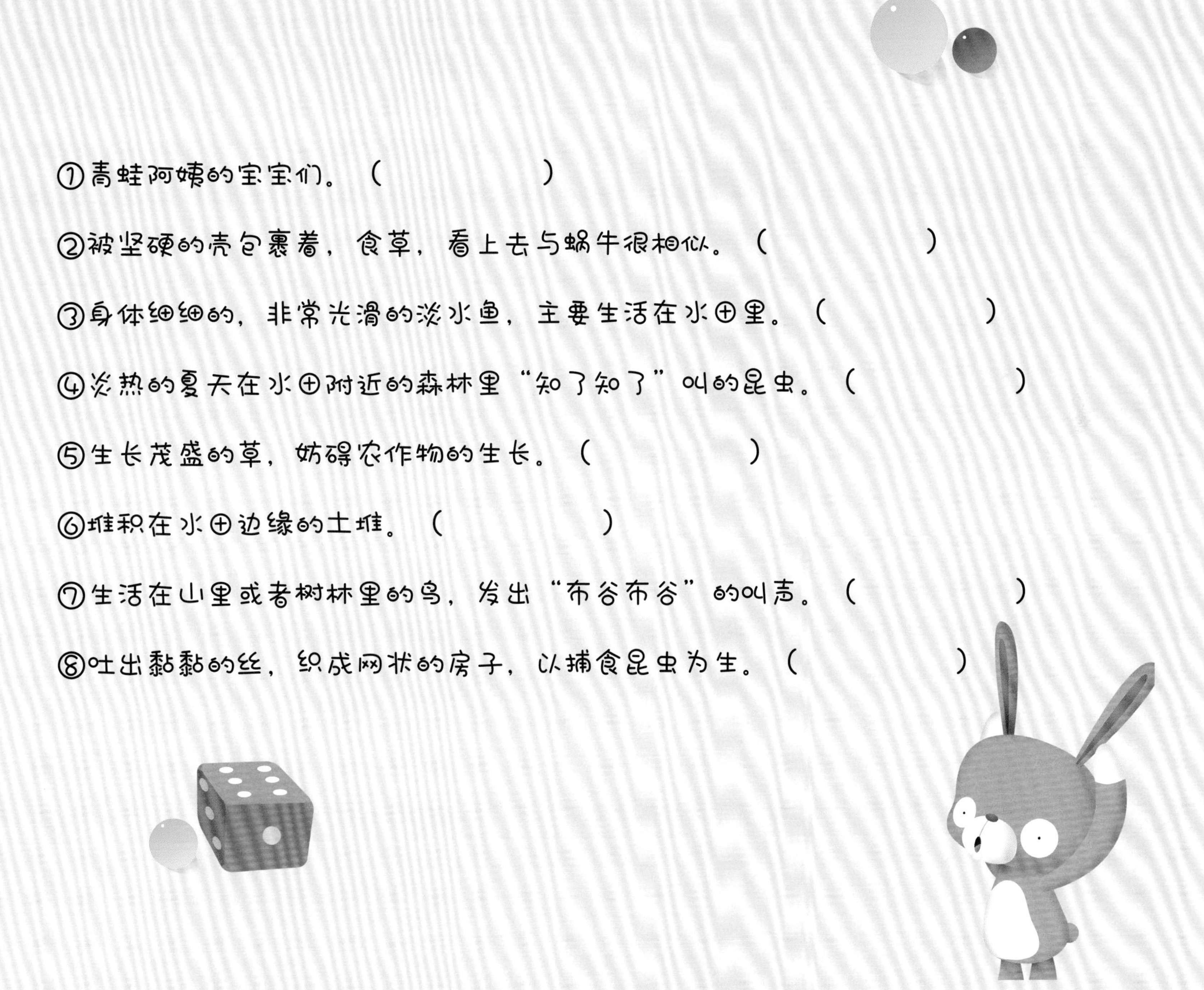

①青蛙阿姨的宝宝们。（　　　　　　）

②被坚硬的壳包裹着，食草，看上去与蜗牛很相似。（　　　　　　）

③身体细细的，非常光滑的淡水鱼，主要生活在水田里。（　　　　　　）

④炎热的夏天在水田附近的森林里“知了知了”叫的昆虫。（　　　　　　）

⑤生长茂盛的草，妨碍农作物的生长。（　　　　　　）

⑥堆积在水田边缘的土堆。（　　　　　　）

⑦生活在山里或者树林里的鸟，发出“布谷布谷”的叫声。（　　　　　　）

⑧吐出黏黏的丝，织成网状的房子，以捕食昆虫为生。（　　　　　　）

了解生态种植法

为了培育安全的食物，人们正在开发各种各样的生态种植法。认真阅读格子里的说明，剪下相关的图片，贴在相应的位置。

粘贴处	粘贴处
啃食杂草，捕食害虫。排泄物是天然肥料。	播撒在水田里会阻挡阳光，阻止杂草生长。

粘贴处	粘贴处
长着红色的身体，黑色的斑点，属于昆虫的一种，是危害农作物害虫们的天敌。	修长的身体，在地下行动，让水分和空气更好地深入泥土中。排泄物是天然肥料。

米糠非常轻，很容易漂浮在水面上，所以水底下的杂草很难接受阳光的照射。

购买健康的食物

威胁我们身体健康的食物越来越多。从众多食物中找出安全的食物，然后放入菜篮，用箭头表示。

用转基因*黄豆制作的豆腐

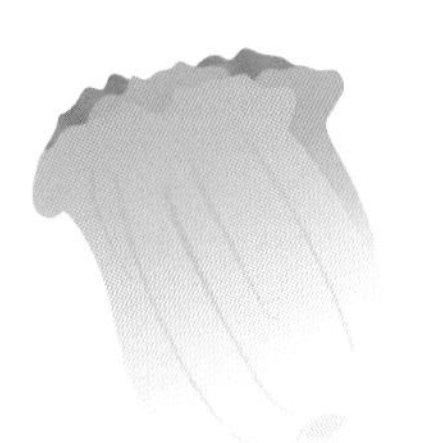

喷洒了很多化学肥料培育出来的白菜

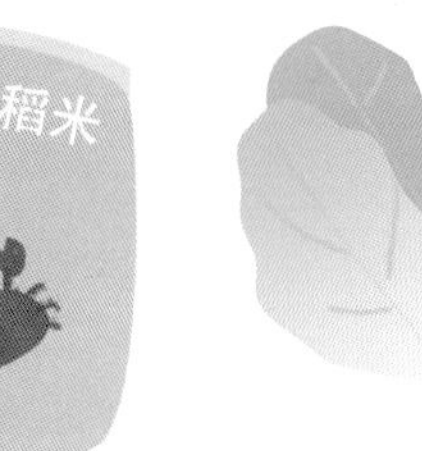

用河蟹农法培育出来的水稻

有机种植法*种植的生菜

利用农家肥*培育的黄瓜

喷洒了很多对人体有害的农药培育出来的辣椒

转基因指的是利用转基因生物技术获得的转基因生物品系。

农家肥区别于化学肥料，指粪肥或植物发酵分解的绿肥。

有机种植法指的是不使用化学肥料和农药的种植法。

让人好奇的正确答案

36～37页

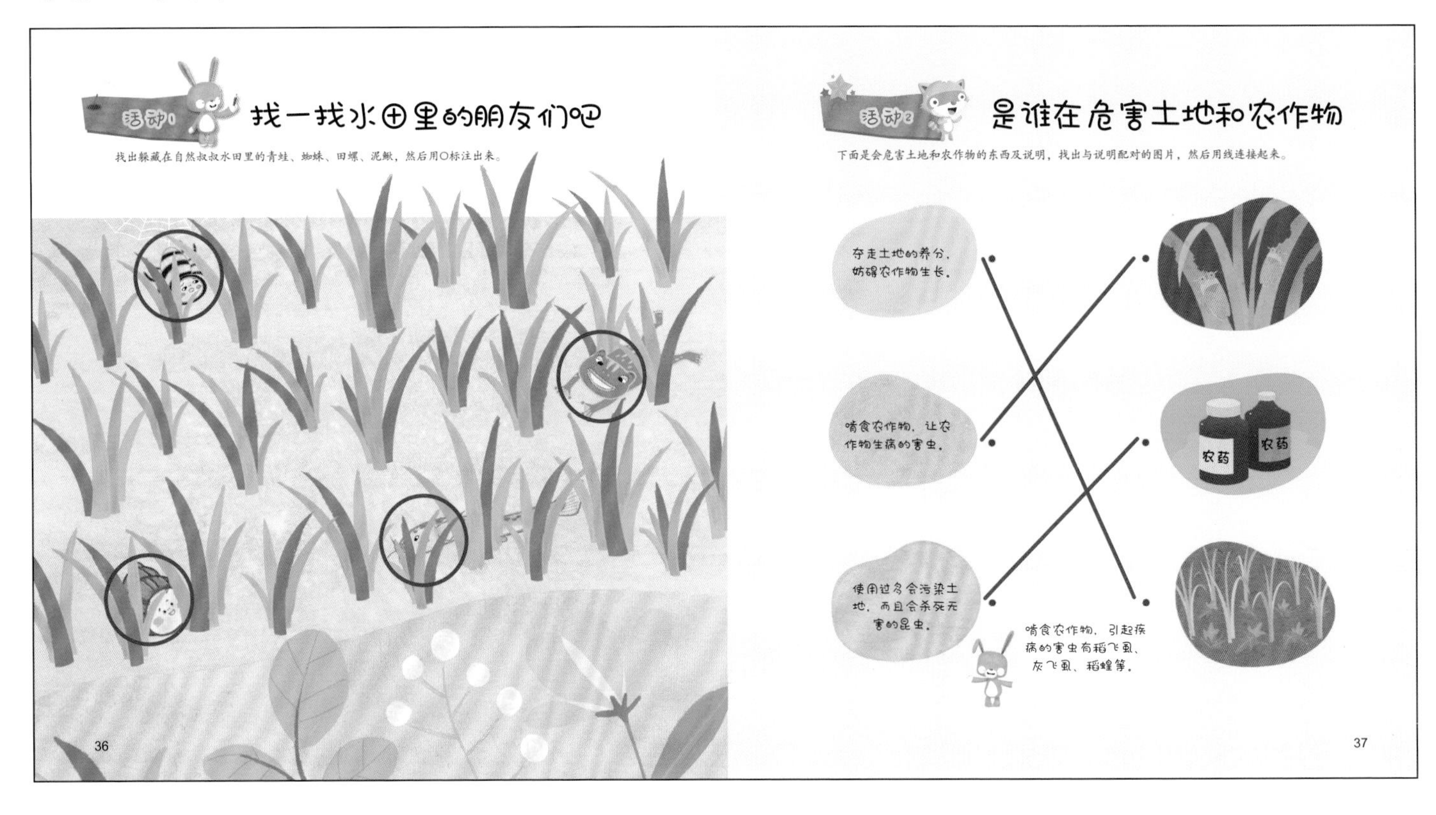

活动1 找一找水田里的朋友们吧

找出躲藏在自然叔叔水田里的青蛙、蜘蛛、田螺、泥鳅，然后用○标注出来。

36

活动2 是谁在危害土地和农作物

下面是会危害土地和农作物的东西及说明，找出与说明配对的图片，然后用线连接起来。

夺走土地的养分，妨碍农作物生长。

啃食农作物，让农作物生病的害虫。

使用过多会污染土地，而且会杀死无害的昆虫。

农药 农药

啃食农作物，引起疾病的害虫有稻飞虱、灰飞虱、稻蝗等。

37

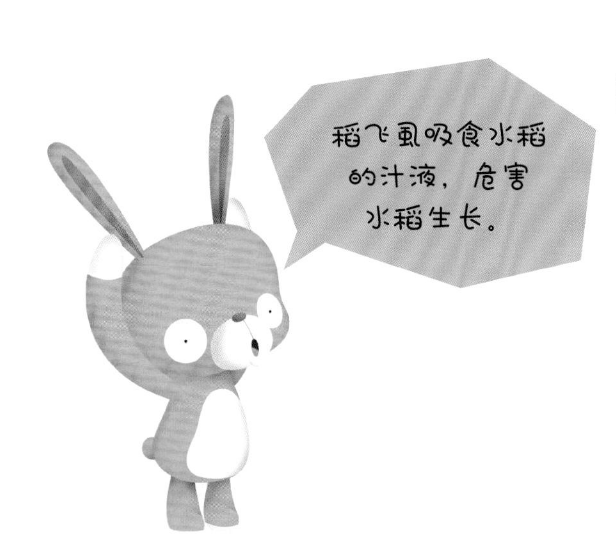

稻飞虱吸食水稻的汁液，危害水稻生长。
如果使用过多的农药，作物上残留的农药会危害人们的身体健康。

38～39页

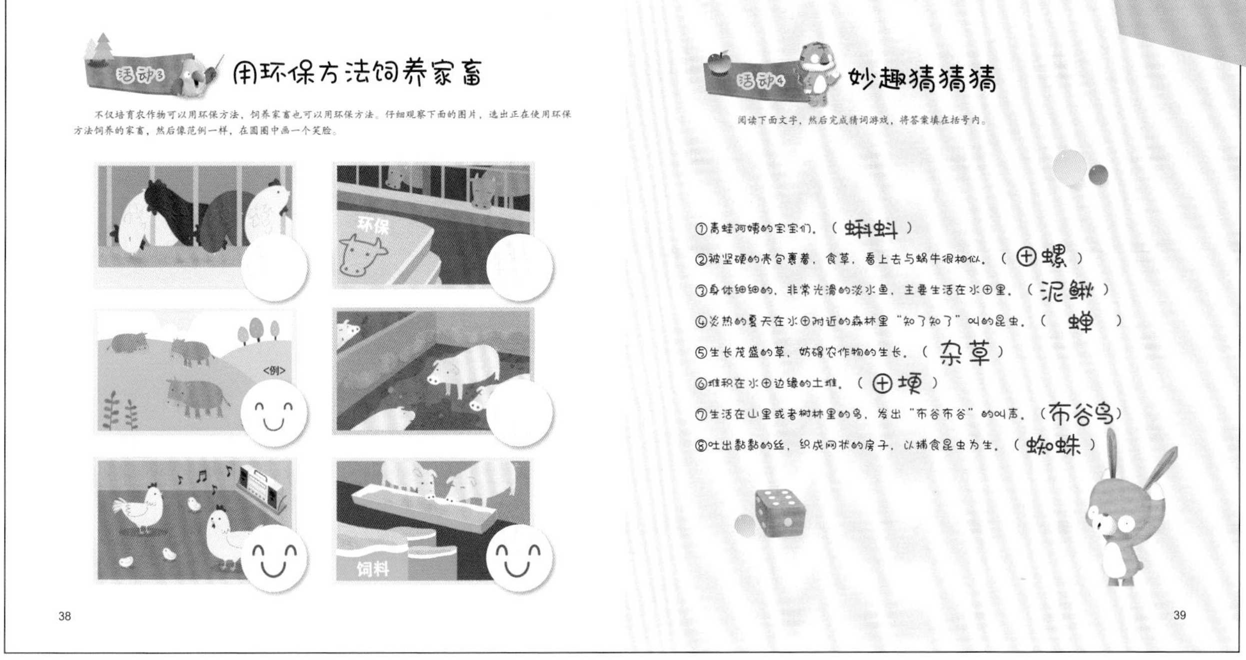
活动3 用环保方法饲养家畜

不仅培育农作物可以用环保方法，饲养家畜也可以用环保方法。仔细观察下面的图片，选出正在使用环保方法饲养的家畜，然后像范例一样，在圆圈中画一个笑脸。

38

活动4 妙趣猜猜猜

阅读下面文字，然后完成猜词游戏，将答案填在括号内。

①青蛙阿姨的宝宝们。（蝌蚪）
②被坚硬的壳包裹着，食草，看上去与蜗牛很相似。（田螺）
③身体细细的，非常光滑的淡水鱼，主要生活在水田里。（泥鳅）
④炎热的夏天在水田附近的森林里"知了知了"叫的昆虫。（蝉）
⑤生长茂盛的草，妨碍农作物的生长。（杂草）
⑥堆积在水田边缘的土堆。（田埂）
⑦生活在山里或者树林里的鸟，发出"布谷布谷"的叫声。（布谷鸟）
⑧吐出黏黏的丝，织成网状的房子，以捕食昆虫为生。（蜘蛛）

39

听说播放好听的音乐，
动物们就不会感受到压力，
非常舒适。

40～41页

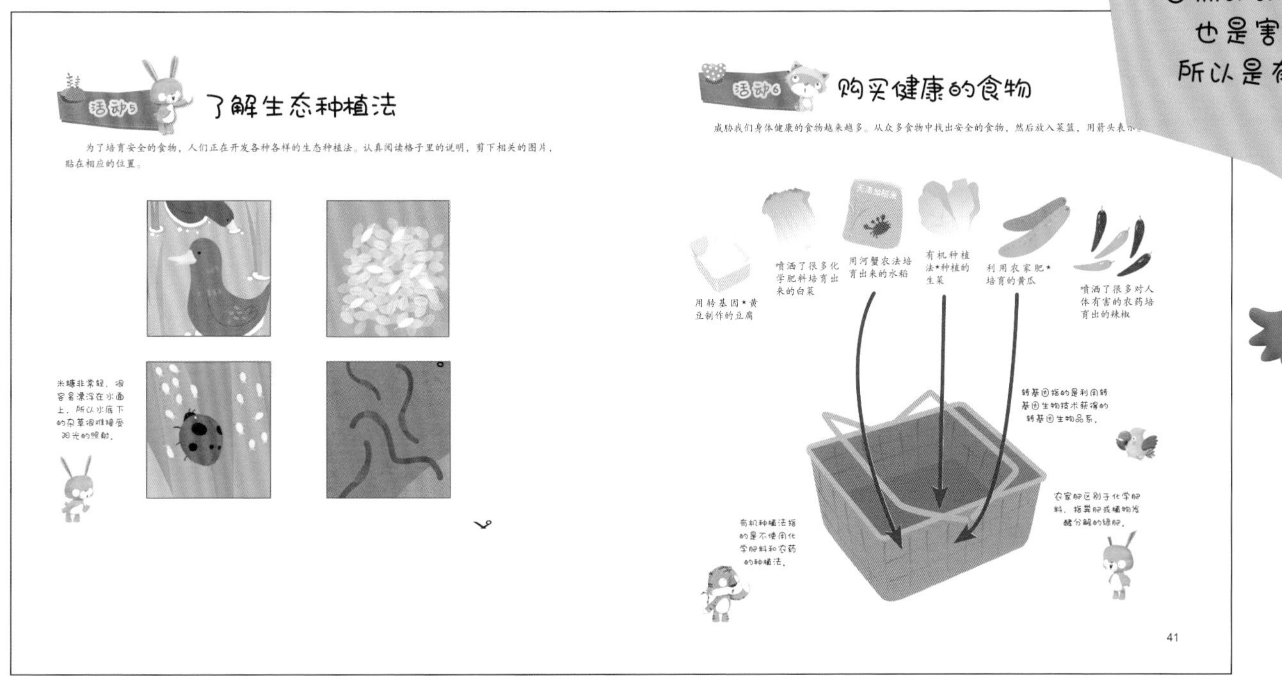
活动5 了解生态种植法

为了培育安全的食物，人们正在开发各种各样的生态种植法。认真阅读格子里的说明，剪下相关的图片，贴在相应的位置。

米糠非常轻，很容易漂浮在水面上，所以水底下的杂草很难接受阳光的照射。

活动6 购买健康的食物

威胁我们身体健康的食物越来越多。从众多食物中找出安全的食物，然后放入菜篮，用箭头表示。

转基因指的是利用转基因生物技术获得的转基因生物品系。

有机种植法指的是不使用化学肥料和农药的种植法。

农家肥区别于化学肥料，指粪肥或植物发酵分解的绿肥。

41

自然叔叔水田里的蜘蛛
也是害虫的天敌，
所以是有益的昆虫。

生态种植法

近期生态种植法非常受欢迎。通过这种方法，人们可以吃到安全的、营养价值高的大米。而且，因为水田里栖息着各种各样的动植物，自然环境也得到了改善。

农药的危险性

农药指的是可以除掉那些危害农作物成长的有害生物，促进农作物发育的所有药剂。同时，残留在农作物上的农药会对人体产生危害。农药的盲目使用会引起土壤污染，破坏生态系统。

生态种植法的种类

生态种植法指的是在保护环境的同时增加农作物产量的农业生产方式。现在，我国使用的生态种植法主要有鸭子农法、田螺农法、螃蟹农法、泥鳅农法等。生态种植法是对食物链进行合理有效利用的农业生产方式。最近，利用黄土、米糠、微生物的生态种植法也越来越受欢迎。

生态系统的摇篮

水田中生活着多种多样的生物。小蝌蚪、蝾螈、田螺主要栖息在死水中。泥鳅和鲫鱼则主要在水田的水源附近活动，有时候鸟类会飞来捕食。此外，田埂上还生长着多种多样的植物。

水田的多种作用

到了夏季，水田可以像湿地一样储存雨水，预防洪水的暴发，因此，水田又被称为“绿色大坝”。水稻在成长过程中还可以吸收二氧化碳，净化空气，使从水田里慢慢渗入地下的水会变成清澈的地下水。

增强土地力量的肥料

为了增强土地的肥力，促进农作物茁壮成长，经常会为土地施肥。根据制造原料的不同，可以将肥料分为“有机肥料”和“化学肥料”。有机肥料是动物的排泄物发酵后制成的。而化学肥料则是把钙、钠等矿物质中的无机物进行化学处理后制成的。

环境守护者

了解一下利用生态种植法栽种出来的农作物有哪些。

堆肥的使用

堆肥是利用各种植物残体（作物的秸秆、杂草、树叶、泥炭等）为主要原料，混合人畜粪尿经堆制、累积后，在合适的温度和水分条件下进行发酵而成的有机肥料。耕种时如果使用堆肥，不仅可以阻止土壤酸性化而且还可以让土壤更肥沃。此外，不会威胁土壤中微生物的生长，可以保护生态系统，保护环境。

生态种植法的优点

利用生态种植法可以恢复遭到破坏的土壤。随着农作物产量的增加，农民的收入也会随之增加。而且，利用生态种植法收获的农作物，要比使用农药收获的农作物更健康，营养价值更高。

图书在版编目（CIP）数据

自然叔叔的水田家人 / (韩) 赵显珍著 ; 千太阳译.
-- 长春 : 吉林科学技术出版社, 2020.3
(地球生病了)
ISBN 978-7-5578-6730-0

Ⅰ. ①自… Ⅱ. ①赵… ②千… Ⅲ. ①植物生态学—儿童读物 Ⅳ. ①Q948.1-49

中国版本图书馆CIP数据核字(2019)第295055号

吉林省版权局著作合同登记号：
图字 07-2018-0070

地球生病了·自然叔叔的水田家人
DIQIU SHENGBINGLE · ZIRAN SHUSHU DE SHUITIAN JIAREN

著 [韩] 赵显珍
绘 [韩] 千淑连
译 千太阳
出版人 宛 霞
责任编辑 潘竞翔 赵渤婷
封面设计 长春美印图文设计有限公司
制 版 长春美印图文设计有限公司
幅面尺寸 262 mm×273 mm
开 本 12
字 数 70千字
印 张 4
印 数 1-6 000册
版 次 2020年3月第1版
印 次 2020年3月第1次印刷

出 版 吉林科学技术出版社
发 行 吉林科学技术出版社
地 址 长春净月高新区福祉大路5788号
邮 编 130118
发行部电话/传真 0431-81629529 81629530 81629531
81629532 81629533 81629534
储运部电话 0431-86059116
编辑部电话 0431-81629518
印 刷 吉广控股有限公司

书 号 ISBN 978-7-5578-6730-0
定 价 24.80元